名画里的二十四节气  春

文小通 编著

文化发展出版社
Cultural Development Press
·北 京·

二十四节气有"中国的第五大发明"的美誉，2016 年被正式列入联合国教科文组织人类非物质文化遗产代表作名录。它为什么备受重视呢？

因为它是古人创造的一个科学奇迹。在古代，没有望远镜或人造卫星，人们单单凭借肉眼和智慧，发现了一些天体运动的规律，并根据地球绕太阳公转形成的轨迹，把一年分为二十四等份，每一等份为一个节气，从立春开始，到大寒结束，一共有二十四个节气。由于地球绕太阳公转一圈，需三百六十五天，所以，每隔十五天，有一个节气。汉朝时，古人把二十四个节气制定成历法，用来指导农事，预知冷暖雪雨等，今天，它仍在指导我们的生活。

七十二候

动植物、天气等随着季节变化而发生的周期性自然现象，就是物候。古人以五天为一候，每个节气有三候，二十四节气共有七十二候。古人会根据物候变化安排什么时候干什么活儿。

二十四风

从小寒到谷雨，共有二十四候，每一候都有花朵开放。古人选出二十四种花期较为准确的植物，确立为二十四风，也就是二十四番花信风。花信风能帮助古人掌握农时。

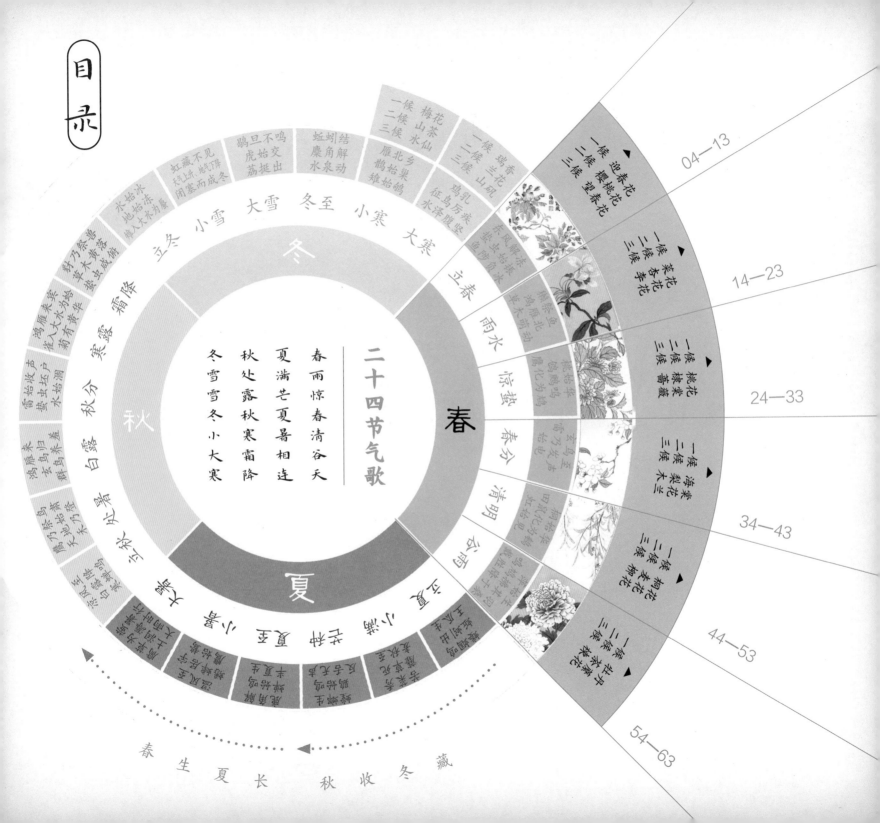

目录

二十四节气歌
春雨惊春清谷天
夏满芒夏暑相连
秋处露秋寒霜降
冬雪雪冬小大寒

春 夏 秋 冬

春生 夏长 秋收 冬藏

一候 迎春花　二候 樱桃花　三候 望春花　04—13
一候 菜花　二候 杏花　三候 李花　14—23
一候 桃花　二候 棠棣　三候 蔷薇　24—33
一候 海棠　二候 梨花　三候 木兰　34—43
一候 桐花　二候 麦花　三候 柳花　44—53
一候 牡丹　二候 荼蘼　三候 楝花　54—63

[明] 仇英《桃花源图》

立春

立春啦！乡村风和日暖，春耕快开始了，闪闪和布布在小溪边玩耍。

一会儿，布布指着水面叫道："那是什么？"

闪闪仔细一看，说："是个漂流瓶。"

闪闪捡起漂流瓶，发现瓶子里空空如也。他随手打开瓶盖，突然，一缕青烟钻了出来，伴随这缕青烟出现了一个长相奇怪的"人"，正骑着两条龙看着他们。

"啊，妖怪！"闪闪和布布不约而同地叫起来。

"我不是妖怪，我是春神句（gōu）芒。"

虽然句芒人面鸟身，还有鸟爪，但看起来和善友好。闪闪和布布镇定下来，

渐渐地不再害怕了，反而问句芒为什么会出现在这里。

句芒说："今天是立春，人们正在举行祭祀春神的活动，我有些困倦，想在瓶子里休息一下，一不小心睡着了……"

"祭祀春神？是祭祀你吗？你太厉害了！可是，为什么要在立春祭祀呢？"闪闪和布布更加好奇了，冒出了一连串的问号。

"要不然——我带你们去了解一下立春？"句芒眨巴着眼睛。

"哇，太好了！"闪闪和布布跳了起来。话音刚落，他们已经坐在了龙背上……

注：本书部分名画只采用局部，以下不作一一声明。

◈ "立春"是什么意思

　　立春在每年公历2月3日至5日之间的一天登场。"立"是"开始"的意思，"立春"就是春天到来。立春是二十四节气里的第一个节气，它象征新的一年的开始，古人会在此日祭祀春神。

◈ "冷风"变得温柔

　　从这天开始，"冷酷"的风就变得温柔了，露在外面的手和脸不会被吹得冰凉了，日照和雨水多起来，天气会越来越暖和。

◈ 一年之计在于春

　　春回大地，人们要为新一年的农耕做准备了。所以，南朝文学家萧绎说："一年之计在于春。"不过，对于全国多数地区来说，立春只是春天的前奏，气温还很低，人们还是要多穿衣服，进行"春捂"。

春到人间草木知

认识
立春

春

[清] 董诰《春社延宾》

[明] 戴进《纵牛图》

❖ 鞭春牛

立春是一年农耕的开始，人们要准备好翻土犁地。在正式劳作之前，还要有一个仪式 —— 鞭春牛。这件事也和句芒有关。

传说，在很久以前的一个立春日，句芒打算带领百姓耕地，牛却睡起了懒觉，句芒便用泥捏了一头土牛，让人鞭打。贪睡的牛被惊醒了，害怕地跑去田里了。此后，鞭春牛就成了立春仪式，以示春耕开始，要抓紧时间干活了。

今天，很多地方仍有鞭春牛的习俗。大家用泥土捏好春牛后，用鞭子把土牛抽打成碎块。然后，众人欢乐地争相拾取土块，把土块扔进自家田地里，寓意今年是个丰收年。

[清] 陈枚《耕织图册》

科学小馆

我们生活的地球不停地围着太阳转圈圈，冬天时的地球其实比夏天时的地球离太阳更近。地球每绕太阳转一圈，就是一个四季。立春这天，太阳会转到黄经 315°。

黄经：从地球上看到太阳一年所"走"过的路，就是黄道，黄道上面的经度坐标就是黄经。

一候　东风解冻

"东风"就是春风，当春天来临时，冰封的大地开始慢慢解冻。在北方，冰层上的一些冰块融化、脱落时，会发出令人振奋的声响，仿佛在说："万物复苏啦！"

二候　蛰虫始振

"蛰虫"是指冬眠的动物，比如青蛙、蛇等。立春之前，它们都藏在洞穴里睡觉。立春后，它们感觉到暖意，身体开始变得柔软，不时地动一动，快要从长长的睡梦中醒过来了。

三候　鱼陟负冰

叮叮咚咚……叮叮咚咚……水下的动物们也感觉到了暖意。憋闷了一个冬天的鱼儿欢快地冲向水面。水面上的冰还没有完全融化，看起来就像鱼背负冰块的样子。

立春
三候

春到人间草木知

春

［清］樊圻《山水册》

春天刚刚来临，布布和闪闪就看到，有些植物已经迫不及待地开花了！句芒告诉他们，这就是立春花信风。

一候　迎春花

迎春花也叫黄梅、金腰带等，是一种灌木，花先开，叶后生，气味清香。它们为什么被称为"迎春"呢？是因为它们先于百花报春天的信息，冬天的寒意还没有彻底消失，春寒料峭中，它们金黄色的花苞就争先恐后地挤上枝头。

二候　樱桃花

立春不久，樱桃树就开花了。樱桃也叫莺桃、荆桃、樱珠等，属于蔷薇科乔木。樱桃花在艳阳天盛开，在非艳阳天就合拢，小小的花瓣团团簇拥着花枝，淡淡的花香缭绕其间，惹人怜爱。

三候　望春花

在古代画家画的花信风图中，望春花是一种白色花朵，现今这种花未得到确认，很多人把木兰科玉兰属的玉兰花作为立春花信风。玉兰花是中国特有的植物，有的能长 10 多米高，堪称花中巨人。它们先开花后长叶，花苞像一根根长在树枝上的蜡烛，绽放后，花朵硕大丰腴，有紫色、白色或粉红色，朵朵向上。

春到人间草木忘

立春花信

——春——

璀璨
风俗
——春——

[清] 陈枚《月曼清游图》

❖ 春节

在立春前后有一个隆重的节日 —— 春节。春节的前一晚是除夕，也叫"大年三十"。家人们会欢聚一堂，贴春联，挂红灯笼，放爆竹，包饺子，吃年夜饭。孩子们可以尽情地吃喝玩乐，还能收到压岁钱。

❖ 一年美好的开始

立春时，很多地方天气还很冷，女子大多在家里做针线活或饮茶闲话等。立春是一年的开始，有吉祥美好的含义，一些婚嫁事宜也会在立春前后或春天某个时期进行。

唐太宗时，吐蕃赞普松赞干布请求与唐王朝联姻，唐太宗将文成公主许配给他。下图描绘的是公元 640 年春天松赞干布派禄东赞前来求亲、被唐太宗接见的情景。

[唐] 阎立本《步辇图》

❖ 挖野菜

立春以后，许多野菜都陆陆续续地破土而出了，比如荠菜、田艾等，一家人在节假日去郊外挖野菜，也是一件有趣的事哦。回到家吃着自己亲手采摘的野菜，那种感觉是非常愉悦的。

田艾

荠菜

❖ 春盘

把果品、菜（豆芽、萝卜、韭菜、菠菜、生菜、豆子、鸡蛋、土豆丝等）、糖果、饼等摆放在盘中，有迎春之意。

❖ 春幡

古人重视立春，会把彩纸或彩绸剪成小旗、燕子、花、凤凰等图案插在头发上或挂在树上，以此迎春，这就是春幡。

❖ 春饼

立春吃春饼，春饼薄如纸张，甚至是半透明的，里面卷上春蒿、黄瓜丝、葱丝、炒合菜等，就是一道充满春天气息的美味啦！把面皮包上馅料煎着吃，就是春卷啦。

春胜

春幡

❖ 春胜

古人还用彩纸剪成方胜为戏，或作为首饰，这就是春胜。

節气文化
春

古诗词里的立春

立春偶成

[宋] 张栻（shì）

律回岁晚冰霜少，春到人间草木知。
便觉眼前生意满，东风吹水绿参差。

甲骨文里的立春

认出来这是"春"字了吗？仔细瞧瞧，左边中间是太阳，太阳的头顶和脚下都长着小草。在阳光的照耀下，小草努力地破土萌芽，蓬勃生长，告诉世界，春天来啦！"春"的原意是春阳普照、万物滋荣，后来人们就用"春"作为四季中第一个季节的名字。

[宋] 赵伯驹《春山图》

谚语里的立春

立春一年端，种地早盘算。
立春一日，百草回芽。
立春打了霜，当春会烂秧。
立春寒，一春暖；立春暖，一春寒。
立春雪水化一丈，打得麦子无处放。

古籍里的立春

《礼记·月令》："立春之日，天子亲率三公、九卿、诸侯、大夫以迎春于东郊。还反，赏公卿、诸侯、大夫于朝。"

大意：立春这天，天子会亲自率领大臣们去东郊举行迎春祭祀活动，回朝后，还要给予赏赐。

天子在立春前三天就开始准备，如沐浴更衣，不饮酒，不吃葱、姜、蒜、韭菜等有刺激气味的食物，以示对神灵的尊敬，对迎春的虔诚。

[明] 吴彬《山阴道上图》

雨水

细细的春雨停了，树林里好像变了样。

一棵小草芽刚刚拱出地面，发出清脆的声音："谢谢。"

一朵黄色小花慢慢打开花瓣，发出轻柔的声音："谢谢。"

一只小飞虫喝了一口露珠，发出稚嫩的声音："谢谢。"

一切都变得生机勃勃、可爱可亲。可是，这些小生灵是在感谢谁呢？为什么要感谢呢？……

句芒笑起来，说道："它们是在感谢雨，雨水让它们成长。"

原来是这样！

闪闪和布布恍然大悟。

句芒告诉他们，立春之后，天气虽然转暖，但如果没有足够的雨水，动植物也无法正常生长。所以，古人很重视雨水。"雨水"这个节气是非常有趣的……

句芒滔滔不绝地讲起了"雨水"这个节气，闪闪和布布听得入了神……

认识
雨水

春

[宋] 佚名《霖雨图》

给大地补水

"雨水"是二十四节气的第二个节气，在公历2月18日至20日之间的一天来临。从"雨水"开始，雨就会频繁"访问"人间。"雨水"过后，中国大部分地区最高气温一般会回升到0℃以上，天空中的水珠无法凝结成雪花。小水珠落在地面上，带走冬季的干燥，给大地补充了水分，滋养了万物。

雨水是怎样形成的呢？江河湖海里和地面的水在阳光下蒸发成水蒸气，飘到天上。高空气温低，水蒸气遇冷凝结成水珠，水珠聚在一起，形成积雨云，云中水珠越聚越多，云承受不住，水珠便破"云"而出，落回地面，化成了雨。

科学小馆

雨水这天，太阳会到达黄经330°。太阳直射点向赤道靠近，北半球越来越暖和。但冷空气却不甘心"退休"，仍在和暖空气较量，使得气候冷暖交替，人很容易生病，所以此时还是要多穿衣服保暖。

❖ 灌溉与防湿

"春雨贵如油"，趁着雨水节气，人们会采取措施促进冬小麦的生长。在"雨水"节气前后，正是冬小麦返青时，在雨水的滋润下，冬小麦开始努力地生长。如果这时雨水比较少，就要进行灌溉，以免冬小麦因为"喝不饱"而打蔫。如果这时雨水特别多，冬小麦根部会受到危害，要及时做好防湿措施。

[清]陈枚《耕织图》

[清]陈枚《耕织图》

❖ 施肥啦

仅仅使农作物"喝饱"水，并不能一劳永逸。它们还需要其他的养料。雨水节气前后，正是施肥的大好时机。人们会用担子挑着农家肥（虽然闻起来臭臭的，但对土地来说是难得的天然养料）给农作物施肥。人们把肥料翻进土壤，让土壤变得肥沃，使农作物长得更加茁壮。

❖ 还要防冻

雨水时节并不是日日暖，这个时候，暖空气和冷空气还在搏斗呢，都想占上风，所以，气候乍暖还寒，有时还会出现急剧降温的现象，要注意农作物的防冻。

[元] 钱选《山居图》

雨水
三候
——春——

二候　鸿雁北

　　鸿雁是迁徙候鸟，在寒冬到来之前，会飞到暖和的地方去过冬。当雨水节气到来后，北方有了春天的气息，天气渐暖，眷恋着北方老家的鸿雁就从南方飞回了北方。

一候　獭祭鱼

　　天气暖和后，鱼活跃了，水獭捕鱼后把鱼放在岸边，再扎进水里接着捕鱼。岸上的鱼越摆越多，就像祭祀时陈列的贡品。

[明] 王守谦《千雁图》

三候　草木萌动

　　地面有了点点绿意，小草使出全身力气，嫩芽努力钻出地面；柳树绽出芽尖儿，在雨意中萌动春的韵律。

雨水
花信
——春——

一候 菜花

菜花可不是平时吃的花菜，而是油菜花，别名芸薹（tái）。油菜花是一种十字花科芸薹属二年生草本植物。油菜花成片盛开时，会形成蔚为壮观的金黄色"海洋"。

[清]董诰《二十四番花信风图》

二候 杏花

杏树的叶还没来得及长出来，杏花就抢占了枝头。杏花是"变色美人"，含苞待放时，花苞为红色，开花后颜色越来越淡，花落时则变为纯白色。由于杏花于早春开放，备受古人青睐，因此在中国传统文化的十二月花神中，杏花被推举为二月花神。

三候 李花

李花是李树的花，也叫玉梅、嘉庆子。李树是蔷薇科小乔木，花朵虽然小了点儿，却茂密地开满枝头，像一个头上插满了鲜花的大姑娘，而且淡雅的白色让人感觉清新脱俗。

[清]邹一桂《花卉卷》

[明]吴彬《文杏双禽图》

璀璨
风俗
春

[清] 佚名《十二月令图》

[明] 佚名《明宪宗元宵行乐图》

❖ 元宵节

　　和雨水节气相近的节日是元宵节。这一天，会有社火表演，人们踩高跷、舞龙、舞狮、扭秧歌、敲锣打鼓，热闹极了。晚上还有灯会，各种彩灯琳琅满目，上面有谜语，人们一边赏灯，一边猜灯谜，非常有趣。元宵节是万家团圆的日子，一家人要团聚在一起吃元宵，圆圆的元宵象征团圆。

❖ 拉保保

　　在四川地区的雨水节气这天，大人会给孩子认干爹、干妈，此举被称为拉保保，期望孩子健康平安地成长，有"雨露滋润易生长"之意。

❖ 回娘屋

　　在雨水节气回娘屋是川西一带的风俗，出嫁的女儿要带上礼物看望、拜谢爸爸妈妈。有了宝宝的女儿，要带上罐罐肉、椅子等礼物，感谢父母的养育之恩。

　　罐罐肉就是用砂锅炖猪脚、雪山大豆、海带等，装进罐子里，然后用红纸、红绳封住罐口。

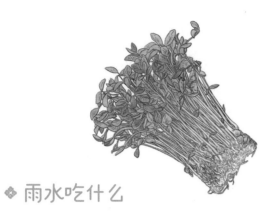

❖ 雨水吃什么

在雨水时节，尽量吃清淡的食物。豆苗是豌豆萌发的嫩芽，是春天的应季蔬菜，吃起来有一种清新的味道。荠菜，作为春天的野菜仍旧是人们餐桌上的节令食物。

❖ 少酸多甜

由于此时湿气比以前大，甚至还裹挟着寒气，一些地方早晨会下露、霜，因此，饮食要注意少酸多甜。多吃大枣、枸杞、菠菜、甘蔗、茼蒿、山药、银耳等，以及其他新鲜蔬菜。

［明］仇英《宝绘堂》

21

古诗词里的雨水

早春呈水部张十八员外

[唐] 韩愈

天街小雨润如酥，草色遥看近却无。
最是一年春好处，绝胜烟柳满皇都。

甲骨文里的雨水

"雨"字的最上部看起来像是天空，水珠点点滴滴、连连绵绵，从空中落下，形成了"雨"。

"水"字中间是小河弯弯、潺潺流水，在两边溅起了点点水花，这就是"水"。

古籍里的雨水

《月令七十二候集解》："正月中，天一生水。春始属木，然生木者必水也，故立春后继之雨水。且东风既解冻，则散而为雨矣。"

大意：正月的时候，天地间的雨水增多了，春天万木复苏离不开水，所以立春之后就是雨水。春风解冻，雪化为雨，冰化为水。

节气文化

春

谚语里的雨水

雨水落了雨，阴阴沉沉到谷雨。
雨水有雨庄稼好，大春小春一片宝。
雨水落雨三大碗，大河小河都要满。
一场春雨一场暖。
雨水到来地解冻，化一层来耙一层。
春雨满街流，收麦累死牛。

[清] 恽寿平《湖山春晓图》

[明] 吴彬《江乡胜景图》

惊蛰

雷雨天过后，似乎有什么改变了……

闪闪说："我感觉小动物多了起来。"

是呀，各种小动物从泥土中、洞穴里出来活动了。瞧瞧，有扭着小细腰的蛇，有欢快地蹦跳的蛙，有激动地爬来爬去的蚯蚓，有摇头晃脑的蝎子和壁虎……

"它们为什么一下子都出动了呢？"闪闪很纳闷。

"可能是它们也怕打雷，被吓醒了。"布布猜测。

　　"惊蛰时节，打雷确实多一些，我的老朋友雷神总是忙着打雷。"句芒说。

　　根据句芒的讲述，雷神拿着一个锤子，不停地敲击身边的连鼓，"轰隆隆"的雷声就响起来了。

　　布布惊讶地瞪大了眼睛，闪闪则兴奋地摩拳擦掌。

　　"当鼓手太酷了！我也想去敲两下！"接着，闪闪又说，"雷声就像一个大闹钟，叫醒了小动物们。"

　　布布向往地说："大自然太神奇了。"

为什么叫惊蛰呢？"蛰"是藏的意思。"惊蛰"的字面意思是：春雷乍响，把藏起来蛰伏了一个冬天的动物惊醒了。实际上，睡在地下或洞穴中的小动物们并不是被雷声惊醒的。因为大地回温，它们身上也暖和起来，又感觉到饥饿，所以才"惊而出走"。

◈ 惊蛰的名字

惊蛰在公历3月5日至6日之间的一天到来，万物开始迅速生长。很久以前，此节气不叫"惊蛰"这个名字，而是叫"启蛰"。"启"是"开启"之意，"启蛰"指蛰虫开始活动。相传，汉朝时，有一位皇帝叫"刘启"，为了避讳，就把"启"改成了"惊"。

科学小馆

惊蛰日，太阳到达黄经345°，我国大部分地方的平均气温回升到0℃或以上。

[清] 恽寿平《仿古山水图册》

农事
日历
春

❖ 不要喝太"饱"

　　惊蛰雷雨多，土地吸入过多雨水，也不利于农作物生长。"要得菜籽收，就要勤理沟。"所以，要注意清理积水。施肥也不要太多，以免营养过剩。

［明］戴进《春耕图》

［清］陈枚《耕织图》

❖ 耙地松土别错过

　　"微雨众卉新，一雷惊蛰始。田家几日闲，耕种从此起。"惊蛰是春耕的开始。此时，土地还没有完全解冻，土壤里的水会蒸发，因此土地会结出一层硬皮。古谚说："惊蛰不耙地，好比蒸馍走了气。"意思是如果不翻地，就像蒸锅跑了气，蒸出的馒头不好吃一样，庄稼也会长得不好。所以，人们要耙地，给地表松松土，让土壤呼吸新鲜空气，减少土壤水分的蒸发。

惊蛰
三候
——春——

集雷响，万物长

[清] 任熊《十万图册》

一候　桃始华

　　惊蛰时节每次雷雨都能带来暖意，桃树开始开花，"始"就是开始，"华"就是花（意为开花）。桃树是蔷薇科小乔木，花朵粉粉白白，满树绽放时，"桃之夭夭，灼灼其华"，耀眼夺目，云蒸霞蔚。

［清］蒋廷锡《花鸟图》

二候　鸧鹒（cāng gēng）鸣

　　鸧鹒就是黄鹂，黄鹂是树栖鸟类，以昆虫、浆果为主食，叫声洪亮、悦耳。"两个黄鹂鸣翠柳"这句诗就以它们为主角。惊蛰时节，黄鹂开始鸣叫，让春天的气息更为强烈。

［宋］赵佶《松枝黄鹂》

三候　鹰化为鸠（jiū）

　　惊蛰时节，古人发现翱翔的鹰渐渐少了，它们去哪里了呢？这时，古人注意到地上多了鸠鸟，便误以为天上的鹰变成了鸠，就把"鹰化为鸠"作为惊蛰第三候了。

［宋］赵佶《桃鸠图》

惊蛰
花信
春

二候　棣棠

在无限春光中，是谁在阳光下开出一片耀眼的金黄？它们就是棣棠。棣棠也叫黄榆梅、蜂棠花、地棠等，属蔷薇科棣棠花属，终年披着一身绿衣。棣棠花色绚丽，花朵很小，自带一种雅致，又有一种野趣。

一候　桃花

阳春三月，春暖花开，"睡"了一个寒冬的桃花也苏醒过来，开出香甜的花。相传，唐朝名士崔护进士落第，去城外踏青解闷，偶遇一位桃花一样娇美的女子。次年再访，但见桃花如故，女子已经不在，便赋诗纪念，"人面桃花"便成为美貌的象征。

[清]任薰《桃花鹦鹉图》

三候　蔷薇

时常看到路边的蔷薇"筑"起一道花墙，散发浓郁芬芳。蔷薇是一种爬藤的小花，落叶灌木，茎上有刺，刺还有钩，花朵层层叠叠，有白色、黄色、粉紫色等。蔷薇能够攀爬到高处，炫耀自己的天生丽质。

[清]董诰《二十四番花信风图》

[宋]马远《白蔷薇图》

[明] 张翀《蓬山遏辇》

❀ 二月二龙抬头

惊蛰前后，是农历二月初二的中和节，也叫"二月二"，俗称龙抬头。据说在这一天，掌管降雨的龙王苏醒过来，在天空打雷降雨。雷雨对播种插秧很重要，因此，人们会在这一天庆祝，祈祷风调雨顺。

在北方一些地区，二月二要理发，叫"剃龙头"，还要吃"炒豆"，象征金豆开花。

在二月二，人们还会祭祀句芒，因为句芒不仅管理草木生长，也掌管农事。后来，句芒渐渐化身成春天骑牛的牧童，手拿柳枝作为鞭子，因此也被称为芒童。

❀ 驱虫的绝招

"二月二，龙抬头，蝎子蜈蚣都露头。"古人会插香熏虫，或点燃艾草熏房屋，使虫蛇不愿入内。有的人家会在屋顶上立上一只"瓷公鸡"，因为鸡吃虫子。还有的人会在门外撒生石灰粉，可以驱赶虫、蚁、蛇等。

[元]·佚名《画虎轴》

❖ 祭白虎

传说白虎是"口舌之神"，在广东有些地方，会在惊蛰祭白虎。祭祀时，白虎以画出来的黄色黑斑纸老虎代替。人们期望免去是非，不出口伤人或被人所伤。

❖ 与节气适应的饮食

惊蛰过后，万物竞长，病毒和细菌也活跃起来，可以适当吃些春笋、菠菜、葱、香菜等清温平淡的食物，增强体质。此时空气干燥，可以吃清甜多汁的梨。

[清]恽寿平《仿古山水册》

古诗词里的惊蛰

甲戌正月十四日书
所见来日惊蛰节

[宋] 张元幹

老去何堪节物催，放灯中夜忽奔雷。
一声大震龙蛇起，蚯蚓虾蟆也出来。

甲骨文和金文里的惊蛰

惊蛰时蛰虫出动，"虫"字的上面是一个小脑袋，下面是弯弯曲曲的身体，这就是"虫"。惊蛰到了，虫子们扭着身体，从土里钻出来活动啦。

惊蛰一候是桃始华，"华"就是花，金文里的华，上部好像树的枝丫上点缀着花朵；树下是枝干，亭亭玉立的样子。

[清] 禹之鼎《春泉洗药图》

谚语里的惊蛰

雷打蛰，雨天阴天四九日。
惊蛰乌鸦叫，春分地皮干。
惊蛰过，暖和和，蛤蟆老角唱山歌。
打雷惊蛰前，四十五日不见天。
节到惊蛰，春水满地。
雷打立春节，惊蛰雨不歇。

古籍里的惊蛰

《大戴礼记·夏小正》："正月启蛰，言始发蛰也。万物出乎震，震为雷，故曰惊蛰。是蛰虫惊而出走矣。"

大意：正月里蛰虫开始活动，这就是发蛰；万物在惊雷声中生长，所以叫惊蛰，蛰虫们惊醒过来，出来走动了。

春分

"你们知道春分是什么意思吗？"句芒问闪闪和布布。

闪闪眨了眨眼睛，说："是春天分家的意思吗？"

布布说："是把春天分成了两半吗？"

句芒说："春分的主要意思是，春天已经过去一半，现在只剩下另外一半了。"

"太快了！感觉刚刚进入春天，春天竟然就要过去了。"闪闪很感慨。

"难怪古代诗人、词人总是写惜春的诗词，"布布说，"可能和我们是一样的感觉。"

句芒说："诗人大多是写暮春的情景，那时候很多花都落了。"

［明］仇英《桃花源图》

　　句芒情不自禁地吟起了诗词："无可奈何花落去，似曾相识燕归来。"
闪闪和布布拍手笑起来，让句芒再吟几句。

　　句芒望着枝头吟道："花褪残红青杏小。燕子飞时，绿水人家绕……"

　　一会儿工夫，闪闪和布布就学会了这首词，吟出了"枝上柳绵吹又少，
天涯何处无芳草"……

　　柳叶青青，黄莺鸣唱，有人在挖野菜，有人在干农活，燕子成群结队地
飞上飞下，欢快的吟诗声飘荡在田野，多么美好的春日时光啊！

[清]冷枚《仿仇英汉宫春晓图》

❖ 昼夜平分

春分在每年公历 3 月 19 日至 22 日之间的一天到来。春分平分了春季,它的"分"还有另一个意思——昼夜平分。春分时节,白天和晚上的时间几乎一样长,所以,春分又叫"日中""日夜分"。

❖ 天亮得早了

过了春分,白天会越来越长,黑夜会越来越短,一个明显的感觉就是天亮得早了,所以有"吃了春分饭,一天长一线"之说,也会出现"春困"这种慵懒的现象。

[清]冷枚《春闺倦读图》

科学小馆

春分这天,为什么会出现昼夜平分的现象呢?这就要问问太阳啦。在这一天,太阳不再直射南半球或者北半球,而是直射在赤道上,到达黄经 0°。

我们所熟悉的北斗七星,在古代有特殊地位。古人会利用北斗七星辨别方向。春季的夜晚,如果在晴朗的 9 点钟左右观察北斗七星,会看到斗柄指向东方。

[清] 陈枚《耕织图》

❖ 注意倒春寒

虽然春季天气回暖，但有时还会遭遇倒春寒，气温忽而降低，会冻伤、冻死农作物，要注意给庄稼保暖。

❖ 耕牛遍地走

春分后，正是农耕的好时候，人们赶着耕牛热火朝天地忙碌着。

❖ 粘雀子嘴

麻雀爱偷吃粮食，古人把汤圆煮得软糯，粘在细竹竿上，放在田边，麻雀闻香而来，刚一偷吃，嘴就被粘住了。

[明] 吕纪《草花野禽图》

春分
三候

—春

[清] 余穉《花鸟图》

[清] 李秉德《月下梨花》

一候　玄鸟至

"玄"有"黑色"的意思，"玄鸟"一说指燕子。燕子是一种候鸟，秋分前后天凉时，飞去暖和的南方过冬；春分前后天暖时，飞回北方。之后，燕子们会衔着春泥，在屋檐下筑巢。由于人们认为燕子在屋檐下筑巢寓意吉祥，燕子还会吃掉蚊蝇，所以，非常欢迎燕子归来。

二候　雷乃发声

春分时节，天上的雷雨云也很活跃，伴随震耳欲聋的雷声，春雨降落。春雨能滋养庄稼，所以，人们喜欢这种有好兆头的雷声。

三候　始电

下雨时天空会打雷并发出闪电。

一候　海棠

　　春阳煦暖，酣睡已久的海棠也开放了。海棠是蔷薇科落叶灌木或小乔木，叶子上长满可爱的茸毛，花朵就从毛茸茸的叶子里探出小脑袋。海棠花有的洁白如雪，有的艳如胭脂，不论浓妆还是淡抹，都娇媚可人。

[宋]佚名《海棠蛱蝶图》

春分
花信
——春——

[清]董诰《二十四番花信风图》

二候　梨花

　　当梨树上长出新叶时，梨花也开放了。梨树是蔷薇科落叶乔木或灌木，满树花枝如伞，花朵洁白如雪，伞形总状花序一簇一簇，超凡脱俗，十分美丽，散发着淡淡清香。古往今来，有很多人为梨花写诗、绘画、谱曲。

三候　木兰

　　木兰花也是春分的使者之一，它们是落叶乔木，有的能长到五米高。大朵大朵的木兰花盛放在枝头，有一种富贵的气象。大概是花朵的"风头"太大了，叶子"竞争"不过，只能在花朵飘零时，才"斗胆"冒出头来。

[清]董诰《二十四番花信风图》

[近现代]张大千《梨花山雀图》

❖ 放风筝

　　草长莺飞，杨柳醉春烟，正是放风筝的好时节。风筝又叫纸鸢，在 2000 多年前就出现了。几乎没有孩子不喜欢放风筝，手牵着风筝线，操纵风筝的飞行，体会对风力的运用，看着风筝越飞越高，那种感觉太美妙了。

怎么做风筝呢？

　　用小细棍扎好骨架，衔接处用线绑住。用胶水给风筝贴上封面，给风筝加上尾巴。还可以在风筝上画自己喜欢的图案。

[清] 孙温《红楼梦图》

❖ 春分竖蛋

"春分到，蛋儿俏。"春分这一天，人们喜欢玩一种"竖蛋"的游戏，就是把鸡蛋大的一头朝下，轻轻放在桌上，谁的鸡蛋立住了，谁就赢了。

❖ 祭祀太阳神

早期，古人崇拜太阳，因为太阳照耀万物，给人类带来光明。据说周朝人就已经开始"祭日"了，就是祭祀太阳神，之后，直到明清两代，在春分时皇帝会率文武百官祭祀大明神——太阳。

❖ 春菜

一些地方有春分吃春菜的风俗。野苋菜是春菜的一种，也叫春碧蒿。人们从田野中采回嫩绿的春菜，会与鱼片一起煮成汤，称其为"春汤"。还有人会采百花叶，弄成粉末，放入面粉，做成汤面。据说，这些做法有祈求健康平安之意。

❖ 踏青、簪花

踏青出行总是备受喜欢，古人还喜欢簪花，男女老少佩戴的花朵相映，情景美好让人愉悦。

[唐]周昉《簪花仕女图》

[宋]赵佶《摹张萱虢国夫人游春图》

41

节气
文化

古诗词里的春分

春分二月中（节选）

［唐］元稹

二气莫交争，春分雨处行。
雨来看电影，云过听雷声。

谚语里的春分

春分阴雨天，春季雨不歇。

吃了春分饭，一天长一线。

春分刮大风，刮到四月中。

春分前后怕春霜，一见春
霜麦苗伤。

二月惊蛰又春分，种树施
肥耕地深。

清 冷枚《春夜宴桃李园图》

[日]中林竹洞《芳園醉月图》

甲骨文和金文里的春分

春分二候是雷乃发声，甲骨文中的"雷"，中间部分弯曲，象征闪电；闪电两旁的小方块表示轰隆隆的雷。

春分三候是始电。在金文中，"电"字的上部好像在下雨，下部的中间部分曲折，像是闪电正在快速闪烁；两边的小线条，仿佛闪电的细小分支。

古籍里的春分

《明史·历一》："分者，黄赤相交之点，太阳行至此，乃昼夜平分。"

大意：春分的"分"，是指黄道与赤道相交的一点，太阳走到这里，昼夜的时间就一样了。

43

[清] 萧晨《桃源图》

清明

雨潇潇，空气里弥漫着泥土的清芬，闪闪和布布打着伞，四处张望，寻找句芒。

"难道又去睡觉了？但是，明明是刚睡醒嘛……"闪闪和布布非常纳闷。一眨眼的工夫，句芒去哪儿了呢？

"句芒刚才说，下雨天可以去小酒馆避避雨，难道他先去了？"

闪闪和布布正在寻思，忽见一个牧童骑着牛慢悠悠地过来。

闪闪急忙上前问道："你好，请问你知道哪里有小酒馆吗？你看到句芒了吗？"

牧童眨了眨亮晶晶的眼睛，抬起手，指向远处。

“你们往杏花村去吧。”牧童说。

闪闪和布布高兴极了，谢过牧童，拔腿就跑。然而，没跑几步，他们突然想到一个问题：牧童怎么会认识句芒？

他们急忙回头看牧童，只见牧童梳着两个小发髻，一手拿着柳鞭，正看着他们笑，那笑脸里隐现着句芒的样子。

闪闪和布布大笑着叫起来：“句芒，你变成了牧童！”

牧童也哈哈大笑起来，一瞬间，又幻化成为骑龙的句芒……

[明] 优英《春山吟赏图》

❖ 介子推的故事

关于清明节的由来还有一个悲伤的故事。传说春秋名士介子推，随晋国公子重耳一起逃亡，在重耳快要饿死时，介子推割下自己腿上的肉给他充饥。后来重耳返回晋国，成为晋文公。介子推却不求封赏，带着母亲归隐山林。为了让介子推出山，晋文公放火烧山，介子推仍不肯出山，和母亲一起被烧死在一棵柳树下。为纪念介子推，晋文公下令在介子推死难之日禁止人们生火，只吃冷食，以寄哀思，由此产生了"寒食节"。由于寒食节和清明节日期相近，唐朝时人们便将其合二为一，称为清明节。

❖ 既是节气，又是节日

清明在每年公历 4 月 4 日至 6 日之间的一天到来。这时的春天已经非常暖和，花草树木生长得茂盛，一派生机盎然。在二十四节气中，唯有清明既是节气又是节日。

科学小馆

清明这天，太阳到达黄经 15°，北斗七星的斗柄指向正东偏南。

◈ 清明的忙碌

"清明一到，农夫起跳。"清明节，正值春耕春种大忙之时，因为此时就连寒冷的东北一带也开始暖意回升了。人们会给甘薯育苗。水稻、玉米、棉花等农作物都"各就各位"，开始焕发勃勃生机了。清明前后，种瓜点豆也开始了。

◈ 冬小麦拔节啦

在华北一带，冬小麦开始拔节了。这是它们成长中最重要的时候，必须保证水分和养分充足。此时人们要及时灌溉，施拔节肥，帮助它们"增高"。

◈ 养蚕

"清明节，命蚕妾，治蚕室。"从清明节开始，养蚕的人家就要整备蚕室、修剪桑枝，准备养蚕啦。

清明时节雨纷纷
农事日历
——春

[清] 陈枚《耕织图》

清明
三候
春

[宋] 赵昌《写生鹌鹑图》

一候　桐始华

桐花多指泡桐树的花，花像一口口小钟或一个个小漏斗，又叫喇叭花。此时，一些春日的繁花即将凋零，桐花也在暮春时凋零，古诗词中用它们来表达伤春的情绪。

二候　田鼠化为鴽

天气暖和，田鼠出洞活动，但阳光刺眼，它们又扎进洞穴，不轻易出来。鴽是鹌鹑类小鸟，爱晒太阳，从洞里爬出来叽叽喳喳地跳来跳去。在这种现象下，古人误以为田鼠变成了鴽。

三候　虹始见

被春雨清洗后的天空，清透明亮，大自然还在天上搭起了七彩虹桥，这是阳光遇见雨滴后变出的"魔法"。清明时节，雨水多，雨滴很大，当太阳照在雨滴上，就如穿过一面三棱镜，会折射出多彩光芒。

一候　桐花

"桐花开，清明到"，桐花是清明的使者，会在清明前后开放，开到春意阑珊时，在浓香中谢幕。

[清] 董诰《二十四番花信风图》

二候　麦花

不要以为麦穗就是麦花，麦花是白色的，在桐花开放后，麦花才开放。很多人都不认识麦花，是因为它们只能开5~30分钟，比昙花花期还短暂。

[清] 董诰《二十四番花信风图》

三候　柳花

柳花是柳树的花。清明时节，柳树也开花了。柳树的花就是树上长的"毛毛虫"，这些毛茸茸、鹅黄色的小花和新叶黄绿相间，总会让人误以为它们不是花。

[清] 董诰《二十四番花信风图》

清明时节雨纷纷

清明花信

春

[明] 仇英《人物故事册》

49

❖ 扫墓祭祖

清明节春和景明，是一个慎终追远的祭祀节日，至今已有 2500 多年的历史。这一天，人们会到先人的墓前洒扫祭奠，摆上供品，插一根柳枝，静静追思怀念。

❖ 踏青

清明节还融合了另外一个节日——上巳（sì）节，也叫三月三。上巳节的风俗主要是踏青、春浴等。清明时节，阳光明媚而不刺眼，空气新鲜澄净，草木摇曳，花枝横斜，人们趁着无限春光，出门踏青，真是欢乐极了。

在古代，人们在上巳节举行过仪式后，会分坐河流的两边，在上游放酒杯，酒杯顺流而下，停在谁的面前，谁就取杯饮酒，寓意是祛除灾祸和不吉。这个活动后来发展成文人雅士喜爱的游戏。

璀璨风俗
春

［清］佚名《十二月令图》

❖ 插柳，植树

　　清明节有门上插柳、身上戴柳的习俗，据说是为了纪念被烧死在柳树下的介子推，也有说是为了辟邪保平安。"柳"和"留"谐声，古人在分别时，还会折柳相送，表达挽留之情。清明前后，树苗长得快，是植树的好时节，因此也有人把清明节叫作"植树节"。

［明］杜堇《仕女图》

❖ 荡秋千、蹴鞠（cù jū）

　　荡秋千和蹴鞠是古代清明节的习俗。秋千是女子喜爱的"玩具"。随着秋千高高荡起，人们可以看到更远的地方，心情会很舒畅。秋千最早叫"千秋"。"蹴"是踢的意思，"鞠"是一种皮球，"蹴鞠"就是踢球。

青团

　　清明时节，在北方一些地方有吃冷食的习俗，在南方一些地方有吃青团的习俗。青团用糯米做成，加入了青色艾草汁，再包进豆沙馅或莲蓉馅等，散发着艾草的清香。

［清］陈枚《月曼清游图》

51

古诗词里的清明

清 明

[唐] 杜牧

清明时节雨纷纷，路上行人欲断魂。

借问酒家何处有？牧童遥指杏花村。

谚语里的清明

清明前后雨纷纷，麦子收成一定好。

清明谷雨两相连，浸种耕地莫迟延。

清明到，麦苗喝足又吃饱。

清明雾浓，一日天晴。

清明北风十天寒，春霜结束在眼前。

[宋] 张择端《清明上河图》

古籍里的清明

《东京梦华录》:"寒食第三日，即清明日矣。凡新坟皆用此日拜扫。"

大意：寒食第三天，就是清明了，凡是新坟都在这天进行祭拜、扫墓，人们在这一天祭祀故去的人。

甲骨文里的清明

"明"字的左边是一个月亮，右边是一个太阳，有了太阳和月亮，不论白天还是夜晚，大地都有光明。在古人看来，整个天空最亮的就是太阳和月亮！现在我们都知道，其实月亮并不会发光，它的光芒来自太阳光反射。

谷雨

不知不觉，便到了春季的最后一个节气——谷雨。田间的人们越来越忙碌，给禾苗盖上了塑料薄膜。

"为什么要给庄稼盖'被子'呢？"闪闪问。

"盖好'被子'，让庄稼的根暖和一些，它们能更快地生长。"句芒一边打着哈欠，一边在盖好的塑料薄膜上戳出个小洞，让禾苗露出小脑袋。

"好困啊。"句芒又打了一个大大的哈欠，一副迷迷糊糊的模样。布布的脸上写满了疑惑，句芒今天怎么这么困呢？

句芒解释说："春天快要过去啦，又快到我睡长觉的时候了。"

啊，原来句芒也要随着春天的逝去而离开了。布布和闪闪十分不舍，紧紧地拉着句芒的手。

句芒笑着说："谷雨这段时间我们还会在一起，而且，明年春天我们还会再相见的。"

布布和闪闪点点头，但仍旧拉着句芒。春风变得更加柔和了。

明 仇英《桃源仙境图》

认识
谷雨
春

[清]金廷标《春野新耕》

❖ 谷雨的含义

谷雨，有雨生百谷的意思，在每年公历4月19日至21日之间的一天到来。此时，气温升高得很快，雨水越来越多，百谷茁壮成长。

传说远古时，仓颉创造出文字，感动了上天，于是天上像下雨一样哗哗落下谷物，后来人们把这一天叫作谷雨。

❖ 晚春节气

谷雨带走了忽冷忽热的天气，让暖空气更加稳定，杨柳花、杏花、李花等开始凋零，布谷鸟清脆啼鸣，农耕的节奏更加紧凑。

[清]恽寿平《花鸟册》

科学小馆

谷雨这天，太阳到达黄经30°。

❖ 热火朝天的节气

谷雨时节，黄豆、玉米和花生等作物都种植上了，辣椒、茄子和地瓜也要进行移栽，劳动的场面十分热闹。

种土豆：把发芽的土豆切成小块，每一个小块上要有几个小芽。把切好的土豆块埋在土里，就可以坐等收获啦。

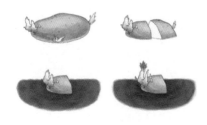

❖ 养春蚕

"咕咚咕咚"，桑树喝饱了雨水，变得枝叶茂盛，对于蚕宝宝来说就有了鲜美的大餐。这时候的蚕宝宝正在破卵而出，准备在谷雨时节长胖呢！

农事日历
春

[清]陈枚《耕织图》

一候 萍始生

谷雨时节雨水渐多，池塘里的水又多又热，是浮萍喜欢的环境，于是浮萍一夜间就能生出很多。正如明朝医学家李时珍说："一叶经宿即生数叶。"浮萍是漂浮植物，叶子接近圆形，每片叶子还很对称。它们总是密密麻麻地挤在水面上。

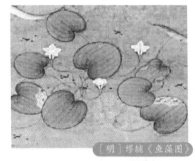

[明] 缪辅《鱼藻图》

[元] 赵孟頫《幽篁戴胜图》

二候 鸣鸠拂其羽

"布谷，布谷"，在乡村的清晨，布谷鸟的鸣叫声格外清脆、喜人。它们一边梳理羽毛，一边鸣叫，仿佛在催促人们："春天将过，快去种谷。"布谷声声，也在诉说着春天即将结束。

三候 戴胜降于桑

在春天的最后一个节气，戴胜鸟似压轴登场，它们落在桑树枝上，外貌十分惊艳。它们长着凤冠一样的羽冠，遇到危险时，美丽的羽冠还会竖立起来，因此也被称为鸡冠鸟。

谷雨三候
风欢雨洗一城花
春

[元] 佚名《柳塘白燕图》

一候 牡丹

谷雨时节，牡丹盛放，被称为"谷雨花"。牡丹是毛茛科芍药属灌木，花色艳丽，花朵硕大，花瓣层层叠叠，雍容华贵，被誉为"花中之王"，也叫"谷雨花"。

传说在一个寒冷的冬天，女皇武则天下令百花一同开放，只有牡丹不肯违背时节开放，被贬到洛阳。到了洛阳，牡丹每到谷雨时节，便昂首怒放，天下闻名，所以牡丹也被称为洛阳花。

二候 荼蘼（tú mí）

"荼蘼不争春，寂寞开最晚。"当春天即将结束时，正是荼蘼花开时。荼蘼又叫佛见笑等，是蔷薇科直立或攀缘灌木，枝梢茂密，花繁香浓。宋代诗人王淇有诗云："开到荼蘼花事了。"意思是，荼蘼过后，春天便逝去了。

[清]董诰《二十四番花信风图》

[清]余穉《花鸟图》

三候 楝（liàn）花

春天就要过去了，姗姗来迟的楝花才开放。楝花是楝科乔木，高可达 10 米，花朵是小小的淡紫色的，散发着淡香。它们的开放，预示着春尽夏来。

[清]董诰《二十四番花信风图》

[明]仇英《汉宫春晓图》

[明]沈周《椿萱图》

❖ 吃春

吃春是指谷雨吃香椿的习俗。"雨前香椿嫩如丝",香椿炒鸡蛋、香椿馅饺子等,都是春天人们爱吃的美食。香椿是香椿树的嫩芽,汉朝时人们就开始采摘香椿食用,称它们为"树上蔬菜"。

❖ 谷雨茶

在谷雨时节采摘的春茶叫谷雨茶。在雨水充沛的谷雨时节,茶树长出柔软新叶,泡一杯谷雨茶,十分甘美。

❖ 走谷雨

古时候,谷雨这天,青年女子会走村串亲,或者到野外走一圈再回家,这被称为"走谷雨",寓意为与大自然相融合,强身健体。

❖ 谷雨节

　　在北方一些沿海地区，每年的谷雨时节，渔民们会过"谷雨节"。晚春的海水也暖和起来，很多鱼都游到浅水地带，正好方便渔民们捕鱼。渔民们会举办隆重的"祭海"仪式，敲锣打鼓，献上祭品，祈求海神保佑他们出海平安，捕获更多的鱼。

❖ 祛湿的食物

　　谷雨时节雨多，空气的湿度很大，要注意开窗通风，多晒太阳，适当运动，吃一些祛湿的食物，如玉米、薏米、赤小豆、黑豆、山药、冬瓜、鲫鱼等。

古诗词里的谷雨

蝶恋花·春涨一篙添水面

[宋]范成大

春涨一篙添水面。

芳草鹅儿，绿满微风岸。

画舫夷犹湾百转，

横塘塔近依前远。

江国多寒农事晚。

村北村南，谷雨才耕遍。

秀麦连冈桑叶贱，

看看尝面收新茧。

谚语里的谷雨

谷雨麦怀胎，立夏长胡须。

棉花种在谷雨前，开得利索苗儿全。

谷雨种棉花，能长好疙瘩。

谷雨下秧，大致无妨。

谷雨过三天，园里看牡丹。

古籍里的谷雨

《群芳谱》："谷雨，谷得雨而生也。"

大意：在谷雨时节，谷物得到雨水的滋养而生长。

甲骨文里的谷雨

　　"谷"字的上面的四个小点，是堆得满满的以至于往下流的谷粒；下面像"口"一样的符号，象征着堆放谷物的谷仓。也有分析认为，"谷"是"水"的变形，表示涧水从山坡两侧向下淌；"口"一样的符号表示嘴巴或者洞口，也可以表示底座、祭坛等。

图书在版编目（CIP）数据

名画里的二十四节气. 1，春 / 文小通编著. —— 北
京 : 文化发展出版社，2023.4
ISBN 978-7-5142-3977-5

Ⅰ. ①名… Ⅱ. ①文… Ⅲ. ①二十四节气-少儿读物
Ⅳ. ①P462-49

中国国家版本馆CIP数据核字(2023)第048484号

名画里的二十四节气 1 春

编　著：文小通

出 版 人：宋　娜	责任印制：杨　骏
责任编辑：孙豆豆　刘　洋	责任校对：岳智勇
策划编辑：鲍志娇	封面设计：于沧海

出版发行：文化发展出版社（北京市翠微路2号 邮编：100036）
网　　址：www.wenhuafazhan.com
经　　销：全国新华书店
印　　刷：河北朗祥印刷有限公司

开　　本：889mm×1194mm　1/16
字　　数：41千字
印　　张：16
版　　次：2023年5月第1版
印　　次：2023年5月第1次印刷

定　　价：196.00元（全四册）
ＩＳＢＮ：978-7-5142-3977-5

◆　如有印装质量问题，请电话联系：010-68567015